BEI GRIN MACHT SICH IHR WISSEN BEZAHLT

- Wir veröffentlichen Ihre Hausarbeit, Bachelor- und Masterarbeit

- Ihr eigenes eBook und Buch - weltweit in allen wichtigen Shops

- Verdienen Sie an jedem Verkauf

Jetzt bei www.GRIN.com hochladen und kostenlos publizieren

Bibliografische Information der Deutschen Nationalbibliothek:

Die Deutsche Bibliothek verzeichnet diese Publikation in der Deutschen National-
bibliografie; detaillierte bibliografische Daten sind im Internet über http://dnb.d-
nb.de/ abrufbar.

Impressum:

Copyright © 2003 GRIN Verlag, Open Publishing GmbH
Druck und Bindung: Books on Demand GmbH, Norderstedt Germany
ISBN: 9783640647408

Dieses Buch bei GRIN:

http://www.grin.com/de/e-book/152518/gunst-und-ungunstfaktoren-der-anlage-
der-stadt-halle

Ron Klug

Gunst- und Ungunstfaktoren der Anlage der Stadt Halle

Eine Betrachtung der geographischen Rahmenbedingungen in der Siedlungsentwicklung

GRIN Verlag

GRIN - Your knowledge has value

Der GRIN Verlag publiziert seit 1998 wissenschaftliche Arbeiten von Studenten, Hochschullehrern und anderen Akademikern als eBook und gedrucktes Buch. Die Verlagswebsite www.grin.com ist die ideale Plattform zur Veröffentlichung von Hausarbeiten, Abschlussarbeiten, wissenschaftlichen Aufsätzen, Dissertationen und Fachbüchern.

Besuchen Sie uns im Internet:

http://www.grin.com/

http://www.facebook.com/grincom

http://www.twitter.com/grin_com

Martin-Luther-Universität Halle/Wittenberg   05.06.2003
Institut für Geographie
Mittelseminar Physische Geographie

Gunst- und Ungunstfaktoren der

Anlage der Stadt Halle

eingereicht von: Ron Klug

eingereicht am: 17.06.2003

Inhaltsverzeichnis

1. Einleitung

Halle ist eine Stadt mit einer wechselvollen Geschichte. Die Stadt ist weit über ihre Grenzen hinaus bekannt als die Salzstadt und die Chemiestadt. Das Wirken und Schaffen seiner Bewohner, wie zum Beispiel der Halloren mit ihrer weit zurückreichenden Tradition des Salzsiedens, ist ebenso für die Entwicklung prägend, wie die natürlichen Gegebenheiten in Halle und seiner Umgebung.

In dieser Ausarbeitung sollen die Gunst- als auch die Ungunstfaktoren dargestellt werden, die sich wesentlich auf die Anlage der Stadt Halle auswirkten.

2. Allgemeine Informationen zu Halle

In Halle wohnen 237.951 Menschen (Stand zum 31.12.2002). Die Stadtfläche beträgt 135 km² mit einer Einwohnerdichte von 1.763 Einwohnern pro Quadratkilometer. Die Ausdehnung von Nord nach Süd als auch von Ost nach West beträgt 16 km. (www.halle.de).

Das Stadtgebiet erstreckt sich von Ammendorf im Süden bis Trotha im Norden etwa 12 km entlang der Saale. (Friedrich u. Frühauf, 2002, S. 17). Der höchste Punkt im Stadtgebiet ist der Große Galgenberg mit 136 m über NN und der tiefste Punkt ist das Saaleufer am Saalwerder mit 71 m über NN. Der Marktplatz wird mit 87 m über NN angegeben. Die Koordinaten des halleschen Marktplatzes sind 11°58'19" östliche Länge und 51°28'59" nördliche Breite. Die mittlere Ortszeit von Halle liegt um 12 Minuten und 7 Sekunden hinter der Mitteleuropäischen Zeit zurück. (www.halle.de).

3. Das Klima von Halle

Der Raum Halle liegt in der gemäßigten Klimazone im Übergangsbereich des maritim beeinflußten Klimas Westeuropas und des kontinental beeinflussten Klimas Osteuropas. (www.geographix.de). Durch die Zugehörigkeit zur „naturräumlichen Haupteinheit des östliches Harzvorlandes" liegt Halle auch im Börde- bzw. Mitteldeutschen Binnenklima. (Rosenkranz u.a., 1972, S. 16).

Halle unterliegt durch seine Leelage südöstlich des Harzes und nordöstlich des Thüringer Waldes einer relativen Niederschlagsarmut. (www.geographix.de).

Durch den geringen Niederschlag wird auch weniger Energie für die Verdunstung aufgewendet, was zu Folge hat, daß die Temperatur etwas höher ist, als sie normalerweise sein würde, wenn mehr Niederschläge vorhanden wären. (Friedrich u. Frühauf, 2002, S. 87).

Braunschweig liegt im Gegensatz zu Halle nicht im Regenschatten des Harzes. Beide Meßstationen haben etwa die gleiche Höhenlage (Halle 94 m über NN und Braunschweig 83 m über NN). Halle weist eine mittlere Jahrestemperatur von 9,1°C auf, Braunschweig dagegen eine geringfügig niedrigere mit 8,8°C. Der Jahresgesamtniederschlag in Braunschweig beträgt 676 mm, in Halle nur 502 mm. Hier wird der Einfluß des Harzes auf die Niederschlagsverhältnisse von Halle deutlich, da die Niederschläge von Braunschweig, das westlich des Harzes liegt, um rund 25% höher sind als in Halle. Auch ist das Niederschlagsmaximum im Juli in Braunschweig mit 75 mm etwas höher als in Halle mit knapp 70 mm. Der Niederschlag in Braunschweig liegt ganzjährig nie unter 40 mm. Dagegen weisen die Monate Oktober bis April in Halle deutlich weniger als 40 mm Niederschlag auf. Das Temperaturmaximum in Halle beträgt im Juli 18°C und ist damit etwas höher als in Braunschweig mit 17°C. Das Temperaturminimum in Halle liegt im Januar bei 0,0°C, gleiches gilt für Braunschweig.

Der heißeste Tag in Halle wurde am 11.07.1959 mit 37,9°C gemessen. Der kälteste Tag war am 11.02.1929 mit –27,1°C. Das mittlere Datum des letzten Frostes in Halle ist der 19.04. Das mittlere Datum des ersten Frostes ist der 24.10. (Heimatblätter: Der Weinbau im Mansfelder Land Nr. 9, S.67).

Im Westen von Halle befindet sich am Süßen See Aseleben, der trockenste Ort Mitteleuropas. Der Ort hat einen Jahresgesamtniederschlag von 429 mm. Trockenere Gebiete gibt es erst wieder in den osteuropäischen Steppen. Durch die klimatischen Verhältnisse in der Gegend des Süßen Sees, ist sogar der Anbau von Aprikosen und Wein möglich. (Friedrich u. Frühauf, 2002, S. 87).

4. Kurze Stadtgeschichte

In diesem Punkt soll lediglich auf die wichtigsten historischen Eckdaten eingegangen werden, die für die Entwicklung der Stadt Halle von wesentlicher Bedeutung sind.

Halle ist eine historisch gewachsene Großstadt, die aus mehreren Siedlungskernen besteht, welche bevorzugt am östlichen Saaleufer in Nord-Süd-Richtung angelegt wurden. (Rosenkranz u.a., 1972, S.24). Die Namensgebung „hala" erfolgte im Althochdeutschen und bedeutet soviel wie Salz. (Wagenbreth u. Steiner, 1990, S.81). Ur- und frühgeschichtliche Funde weisen darauf hin, dass das Gebiet von Halle schon früh besiedelt war. (Krumbiegel u. Schwab, 1974, S. 50). Aus dem Jahre 806 dokumentiert die erste urkundliche Erwähnung über ein Kastell namens „halla", welches die Franken angelegt hatten, um ihre Ostgrenze abzusichern. Die Burg Giebichenstein wurde erstmals 961 erwähnt. Schon im Jahr 984 erhielt Halle Markt-, Münz-, Zoll- und Bannrecht, also die für eine Stadtentwicklung im Mittelalter wichtigsten Rechte. Demnach stieg die wirtschaftliche Bedeutung Halles im 11. und 12. Jahrhundert und 1281 trat die Stadt sogar der Hanse bei. An einen Tiefpunkt gelangte die Stadt, als sie 1487 von den Truppen des Erzbischofs zu Magdeburg besetzt wurde. Halle verlor bis auf weiteres seine Selbständigkeit. Auch der Dreißigjährige Krieg 1618-1648 ging nicht spurlos an der Stadt vorbei. Nach Kriegsende war die Stadt wirtschaftlich ruiniert. Einen wesentlichen Impuls auch für den wirtschaftlichen Aufschwung gab die Gründung der Universität 1694 und die Gründung der Franckeschen Stiftungen 1695 von August Hermann Francke. Im Jahre 1721 wird die Königliche Saline auf der Salinehalbinsel errichtet und nimmt ihren Betrieb auf. Im Zuge der Industrialisierung erfuhr Halle mehrere Stadterweiterungen durch Eingemeindungen als auch durch Neuanlegung von Wohnvierteln. Als erste Stadt in Deutschland nahm Halle ab 1891 die elektrische Straßenbahn in Betrieb. Im Zweiten Weltkrieg gab es in Halle zwar 553 Fliegeralarme, doch glücklicherweise war die Zerstörung im Vergleich zu anderen deutschen Großstädten sehr gering. So war zum Beispiel der Rote Turm beschädigt, das Rathaus und einige Hotels am Riebeckplatz zerstört. Im Jahr 1964 endete in Halle die industrielle Salzgewinnung und die Saline stellte ihren Betrieb ein. Heutzutage kann die Gewinnung von Salz noch beim „Schausieden" nachvollzogen werden. (www.stadtmuseum-halle.de).

5. Geologische Aspekte

5.1. Geologische Entwicklung des Raumes Halle

Die Schiefertone aus dem Karbon (355-296 Mio. Jahre) sind die ältesten Gesteine an der Erdoberfläche in Halle. Aus dieser Epoche stammt auch die Steinkohle, die im Stadtgebiet zum Beispiel in Dölau oder der Frohen Zukunft abgebaut wurden. Die Zeit des Rotliegenden war durch Vulkanismus geprägt. In dieser Zeit entstand der Hallesche Vulkanitkomplex durch aufsteigende porphyrische Schmelzen. In der Zeit des Zechstein (258-251 Mio. Jahre) bildeten sich chemische Ablagerungen durch zeitweise Abtrennung des Meeres zum Weltozean. Es bildeten sich Anhydrite und karbonatische Gesteine. Die Zeit des Buntsandstein (251-243 Mio. Jahre) war nach dem Meeresrückzug geprägt durch wüstenhaftes Klima und geringe Vegetation, aus den Sandablagerungen bildete sich Sandstein. Durch eine neuerliche Überflutung des halleschen Raumes in der Zeit des Muschelkalks (243-235 Mio. Jahre) wurden kalkige und tonige Sedimente abgelagert. Aus der Keuper-, Jura- und Kreidezeit (235-60 Mio. Jahre) sind infolge der Hebungsvorgänge während der Saxonischen Gebirgsbildung und der daraus resultierenden verstärkten Abtragung keine Gesteine mehr erhalten. Die hier fehlenden Gesteine bilden eine Schichtlücke. In der Kreidezeit bildet sich die Hallesche Marktplatzverwerfung durch Hebung der Nordostscholle mit Gesteinen des Rotliegenden und Senkung der Südwestscholle mit Gesteinen des Zechstein heraus. Durch das feucht-warme Klima im Tertiär (65-1,75 Mio. Jahre) gibt es eine üppige Vegetation. In den Mooren und Sümpfen entsteht später Braunkohle. Im Quartär (1,75-0 Mio. Jahre) wird der Raum Halle von den Eisvorstößen der Elster- und Saaleeiszeit erreicht und von einem mehrere hundert Meter mächtigen Eispanzer bedeckt. Nach Abschmelzen des Eises wird der Raum Halle mit quartären Sedimenten überlagert. (Stadt Halle Saale, 2002).

5.2. Die Marktplatzverwerfung

Eine Verwerfung ist eine „tektonisch bedingte Verschiebung von Gesteinschollen innerhalb der Erdkruste entlang von Verwerfungs- bzw. Bruchflächen, die auch als Bruchlinien bezeichnet werden." (Wörterbuch Allgemeine Geographie, 2001, S. 959).

Die Hallesche Marktplatzverwerfung wird auch als Hallesche Störung bezeichnet. Sie entstand durch die „Fernwirkung" der alpidischen Gebirgsbildung und ist Teil eines ganzen Systems südost-nordwest gerichteter Verwerfungen. (Stadt Halle Saale, 2002). Im Rahmen der ablaufenden saxonischen Gebirgsbildung im späten Jura bzw. der Kreidezeit kam es zu Hebungs-, Senkungs- und Kippvorgängen. Der hallesche Raum wurde dadurch tektonisch geteilt. (Friedrich u. Frühauf, 2002, S.22-23).

Die Erdscholle nordöstlich der Verwerfungslinie hob sich heraus und bildet die Hochscholle. Die südwestliche Scholle senkte sich ab und bildet die Tiefscholle. Der Sprunghöhenunterschied zwischen beiden Schollen beträgt 600 m, an manchen Stellen sogar bis zu 1.500 m. (Wagenbreth u. Steiner, 1990, S.80).

Die Nordostscholle unterlag durch den Hebungsprozess einer stärkeren Abtragung als die abgesenkte Südwestscholle. Dadurch sind die ursprünglich an der Oberfläche der Nordostscholle befindlichen jüngeren Gesteinsschichten beseitigt und die darunterliegenden älteren freigelegt worden. Die Ablagerungen vom jüngeren Trias bis zum älteren Tertiär sind auf der Hochscholle nicht mehr vorhanden, es dominieren die Gesteine des Rotliegenden und des Oberkarbons. Die Südwestscholle wurde aufgrund ihrer Absenkung nicht so stark abgetragen, deshalb sind dort Ablagerungen aus dem Buntsandstein und dem Muschelkalk anzutreffen. (Friedrich u. Frühauf, 2002, S. 23-24).

Wie oben schon beschrieben, wird die gehobene Nordostscholle von Ablagerungen des Rotliegenden dominiert bzw. von oberem und unterem halleschen Porphyr. Zwischen den Porphyrkuppen Galgenberg, Reilsberg und Giebichenstein liegen tertiäre und quartäre Sedimente. Die Südwestscholle besteht aus Ablagerungen des Buntsandstein, des Muschel-kalk und unter der Oberfläche aus Sedimenten des Zechstein. Auch hier sind tertiäre und quartäre Sedimente aufgelagert.

Durch die Hebung der Nordostscholle wurden die Schichten des Zechstein mit hinaufge-schleppt. (Friedrich u. Frühauf, 2002, S. 27). Dieses Aufschleppen führte zu einem „Solauftrieb" der unter starkem Druck stehenden Solen und es kam entlang der Verwerfungslinie verstärkt zum Austritt von Solquellen. Diese Solquellen sollten Anlaß für die frühe Besiedlung des Raumes Halles sein, die sich mehr als 5.000 Jahre zurückverfolgen läßt. (Krumbiegel u. Schwab, 1974, S. 49). Die Gunstwirkung der Solquellen für die Entwicklung der Stadt soll im nächsten Punkt dargestellt werden.

5.3. Das Salz

Das Salz hat für die Ansiedlung von Menschen im Raum Halle in der Nacheiszeit eine zentrale Bedeutung. Aus den Solquellen wird schon seit über 4.000 Jahren Salz gewonnen welches als frühes Wirtschaftsgut für die Entwicklung der Stadt Halle von großer Bedeutung war. (Friedrich u. Frühauf, 2002, S. 27 u. 40). [5]

Das Salz stammt aus der Zeit des Zechstein. Damals senkte sich der hallesche Raum ab und wurde von einem aus dem Norden vordringenden Meer überflutet. Dieses Meer war ein warmes Flachmeer und begünstigte als solches die Entstehung chemischer Ablagerungen. Es bildeten sich Dolomite, Anhydrite, Kalksteine, Gipse und Salze. Diese Schichten wurden in den nachfolgenden Perioden überlagert. (Friedrich u. Frühauf, 2002, S. 21 – 22).

Einhergehend mit der Entstehung der Halleschen Marktplatzverwerfung und der Emporhebung der Nordostscholle wurden die Zechsteinschichten wieder aufgeschleppt bzw. kam es durch an der Verwerfung zirkulierende Wässer und dem Solauftrieb zum Austritt von Solquellen. (Wagenbreth u. Steiner, 1990, 81).

Eine Sole ist ein „wirtschaftlich nutzbares, salzhaltiges Wasser, das mindestens 3% NaCl enthält." (Diercke Wörterbuch Allgemeine Geographie, 2001, S. 785). Natürliche Solquellen wurden oftmals entdeckt durch die Anwesenheit von Halophyten, also durch salzanzeigende Pflanzen, die bevorzugt in salziger Umgebung wachsen. (Krumbiegel u. Schwab, 1974, S. 52). Das Solwasser trat also entweder natürlich zu Tage durch die Solquellen oder es mußte durch eine Bohrung gefördert werden. Einen ersten Höhepunkt hatte die Salzgewinnung schon 700-400 v.u.Z. Die industrielle Salzgewinnung der Pfännerschaftlichen Saline begann im 14. Jahrhundert. (Stadt Halle Saale, 2002).

In der Saline wird das Salz aus dem Solwasser gewonnen. Dabei wird das Wasser solange erhitzt, bis es verdunstet und das Siedesalz zurückbleibt. Dieses traditionelle Salzgewinnungsverfahren wurde schon in früheren Zeiten von den Halloren angewendet. Das Stadtwappen von Halle kann aus dem Siedebetrieb abgeleitet werden, denn die Mondsichel kann als Siedepfanne gedeutet werden und die zwei Sterne könnten die Salzkristalle sysmbolisieren. (Friedrich u. Frühauf, 2002, S. 27).

Insgesamt gab es im Stadtgebiet von Halle mehrere Solbrunnen. Der Gutjahrbrunnen war mit einem NaCl-Gehalt von 17,7% der ergiebigste. Er befindet sich heute in der Oleariusstraße 9 und ist ca. 35 m tief. Der Deutsche Brunnnen befand sich am Hallmarkt und war 20 m tief. Auch der Hackeborn Brunnen befand sich am Hallmarkt und war ca. 22 m tief. Der Meteritz Brunnen hatte keine große wirtschaftliche Bedeutung. Der Solbrunnen am Wittekindtal war aufgrund seines geringen NaCl-Gehaltes von 3,5% wirtschaftlich nicht rentabel. Er wurde deshalb zu Badezwecken genutzt und Solbad Wittekind genannt. (Krumbiegel u. Schwab, 1974, S. 51).

Im Jahr 1721 nahm die Königliche Saline vor den Toren der Stadt auf der Jungfernwiese ihren Betrieb auf und war damit neben der Pfännerschaftlichen Saline die zweite Saline in Halle. Um den Salzbedarf zu decken wurde die Pfännerschaftliche Bohrung 1925 auf dem Holzplatz auf 519,25 m abgeteuft, um eine sehr ergiebige Sole mit einem NaCl-Gehalt von 21% zu heben. Damit konnte eine Jahresproduktion von 10.000 Tonnen Siedesalz gewährleistet werden. Der Salinebetrieb wurde 1964 endgültig eingestellt. Heutzutage kann im Technischen Halloren- und Salinemuseum die Salzgewinnung noch beim „Schausieden" nachvollzogen werden (Stadt Halle Saale, 2002).

5.4. Der Hallesche Porphyr

Der Porphyr ist ein vulkanisches Gestein, das in einer 25 Mio. Jahre währenden Periode mit acht Hauptausbruchsphasen, beginnend im Oberkarbon bis zum unteren Perm entstand. Dabei bildete sich der Hallesche Vulkanitkomplex heraus. Dieser Vulkanitkomplex bzw. Porphyrkomplex weist eine Mächtigkeit von mehreren hundert Metern auf und nimmt im Raum Halle eine Fläche von ca. 500km² ein. (Wagenbreth u. Steiner, 1990, S. 80).

Der Hallesche Porphyr kommt in zwei Grundvarietäten vor. Zum einen gibt es den Unteren Porphyr, der beim Emporsteigen als porphyrische Schmelze unterhalb der Erdoberfläche in der Erdkruste erstarrte. Der Untere Porphyr ist also ein Intrusivgestein, das aufgrund der langsamen Abkühlung unterhalb der Erdoberfläche große Einsprenglinge ausbilden konnte. So kommen im Unteren Porphyr bis zu 30 mm große Feldspäte und bis zu 4 mm große Quarzkristalle vor. (Friedrich u. Frühauf, 2002, S. 20 – 21).

Das Hauptverbreitungsgebiet des Unteren Porphyr ist Dölau-Brachwitz-Löbejün. Gut aufgeschlossen ist das Gestein am Galgenberg und am Riveufer. Schon früh wurde das Gestein in Steinbrüchen im Stadtgebiet, zum Beispiel an den Galgenbergen, abgebaut und fand als Werks- und Dekorationsstein im Handwerk als Wandverblendung und Fußbodenplatte, aber auch als Bordstein und Straßenpflaster Verwendung. (Krumbiegel u. Schwab, 1974, S. 71).

Die zweite Grundvarietät ist der Obere Porphyr. Er trat an der Oberfläche aus und erkaltete viel schneller. Es handelt sich also um ein Eruptivgestein, dessen Einsprenglinge aufgrund der schnellen Abkühlung viel kleiner sind. Sein Hauptverbreitungsgebiet hat der Obere Porphyr bei Petersberg-Brachstedt-Niemberg und Wettin. Aufgrund seiner hohen Schlagfestigkeit und Frostbeständigkeit wurde der Obere Porphyr als Schotter-, Splitt- und Betonzuschlagstoff im Gleis- und Straßenbau verwendet. (Krumbiegel u. Schwab, 1974, S. 71).

Oberer als auch Unterer Porphyr wurden schon früh im Stadtgebiet als Rohstoff für den Bau von Häusern und die architektonische Gestaltung genutzt. (Krumbiegel u. Schwab, 1974, S. 68).

5.5. Der Kaolinton

Kaolin ist ein aus „Kaolinit bestehendes Tongestein, welches unter tropischen Klimabedingungen als Verwitterungsprodukt aus feldspatreichen Magmagesteinen entsteht". (Diercke Wörterbuch Allgemeine Geographie, 2001, S. 375). Die Verwitterung des feldspathaltigen Porphyrgesteins fand unter den warm-feuchten subtropischen Klimabedingungen im Tertiär statt. Dabei werden die Feldspäte durch humose Wässer in Kaolin und Kieselsäure zersetzt. Bei der Kaolinisierung entstehen Kaolin, weiße Quarzsande und Knollensteine. (Friedrich u. Frühauf, 2002, S. 191).

Sein Hauptverbreitungsgebiet hat der Kaolin in Trotha, Brachwitz, Sennewitz und Dölau. (Krumbiegel u. Schwab, 1974, S. 74).

Der Kaolin diente als Rohstoff für die regionale Porzellanindustrie, die sich in Lettin und Salzmünde entwickelte. Eine ehemalige Porzellanfabrik gibt es bei Lettin, auf deren Gelände sich heute eine Go-Kart-Bahn befindet. Abgebaut wurde der Kaolin zum Beispiel im Tagebau Fuchsberg-Süd in der Nähe von Brachwitz bis 1990. (Friedrich u. Frühauf, 2002, S. 191 u. 194). Des weiteren wurde Kaolin auch in der keramischen Industrie zur Herstellung branntfester Schamotte und als Füllstoff für die Papierindustrie genutzt. (Krumbiegel u. Schwab, 1974, S. 74).

Auch der Kaolin wirkte sich also als Rohstoff für die Herausbildung der regionalen Porzellanindustrie in Lettin und Salzmünde begünstigend auf die Entwicklung von Halle aus.

5.6. Die Kohle

Im Raum Halle wurden Steinkohle und Braunkohle räumlich sehr nah beieinander abgebaut. (Friedrich u. Frühauf, 2002, S. 31).

Der Steinkohleabbau hatte eine geringe Bedeutung, obwohl der Abbau bis ins Mittelalter zurückreicht und sich bei Plötz bis 1967 hielt. Die Steinkohle entstand im Karbon und wurde im Stadtgebiet von Halle bei Dölau und dem Wittekindtal abgebaut. Die Kohle stammt aus den steinkohleführenden, oberkarbonischen Wettiner Schichten. Abgebaut wurde sie im Wittekindtal im Tiefbau von 1752-1806 und in Dölau im Humboldt Schacht von 1732-1806. (Krumbiegel u. Schwab, 1974, S. 53). Die Steinkohleflöze waren nur sehr geringmächtig mit ca. 0,5-1,5 m. Der Abbau war dennoch effizient, da aufsteigende porphyrische Schmelze die Steinkohle qualitativ zu Anthrazitkohle aufgewertet hatte. Hauptabnehmer war die Hallesche Saline, die die Kohle als Energieträger nutzte. (Friedrich u. Frühauf, 2002, S. 30 – 31). Die Braunkohle hatte für Halle eine weitaus größere Bedeutung. Ihr Abbau begann schon 1382 bei Dölau. Im Stadtgebiet wurde auch in Trotha und der Frohen Zukunft Braunkohle abgebaut. Der heutige Hufeisensee bildet ein Tagebaurestloch. (Friedrich u. Frühauf, 2002, S. 31).

Die wohl bedeutendste Förderstätte für Braunkohle war das Geiseltal. Zeitweise galten die dort fördernden 5 Großtagebaue als größter Braunkohletagebau der Welt. Im Jahre 1960 förderten hier 20.000 Menschen jährlich etwa 40 Mio. Tonnen Kohle. (Friedrich u. Frühauf, 2002, S. 230). Das Geiseltal entstand durch Salzauslaugungs- und Senkungsprozesse. Daher wird der Lagerstättentyp der Braunkohle, die dort autochthon im Mittel- und Obereozän entstanden ist, als Salzauslaugungstyp bezeichnet. (Krumbiegel u. Schwab, 1974, S. 60 – 61). Die Braunkohle bildete sich aus Sümpfen- und Mooren, welche in dem Maße emporwuchsen, wie sich die Landoberfläche absenkte. Die Braunkohleflöze im Geiseltal wiesen eine sehr große Mächtigkeit auf mit teilweise über 100 m. (Wagenbreth u. Steiner, 1990, S. 81).

Ein zweiter Lagerstättentyp ist der Epirogenetische Typ, der sich im halleschen Raum und im nordöstlich gelegenen Bitterfelder Raum entwickelte. Die Braunkohleflöze sind hier geringmächtig mit ca. 10-30m und gleichmäßig gelagert. (Krumbiegel u. Schwab, 1974 , S. 61).

Verwendung fand die Braunkohle als Energieträger für die Hallesche Saline und den Hausbrand, aber auch in Zuckerfabriken, im Kalibergbau, in Kalkbrennereien und in Ziegeleien. Später wurde die Braunkohle auch als Energieträger in der chemischen Industrie in den Werken Leuna und Buna genutzt. Im Jahre 1958 endete mit der Schließung der Grube Carl Ernst bzw. der Grube der Deutsch-Sowjetischen Freundschaft der Abbau von Braunkohle im Stadtgebiet. (Friedrich u. Frühauf, 2002, S. 31). Die unter dem Stadtgebiet lagernde Braunkohle, wie zum Beispiel unter dem Riebeckplatz, konnte aufgrund der städtebaulichen Versiegelung nicht gewonnen werden. (Krumbiegel u. Schwab, 1974, S. 64).

5.7. Die Böden

Die Entwicklung der Böden im Raum Halle begann im Spätglazial der Weichselkaltzeit. Das Gebiet wurde durch Sand- und Lößakkumulationen überprägt. Löß bildete ein gutes Ausgangssubstrat für die Entwicklung der Böden. So dominieren im Raum Halle Schwarzerden mit einem Humushorizont von 80 cm, Rendzinen und Aueböden. Die Humusqualität der Schwarzerden ist sehr gut und begünstigte eine ertragreiche Landwirtschaft. (Krumbiegel u. Schwab, 1974, S. 80 - 81).

Allerdings sind die Schwarzerden mit steigender Reliefenergie sehr erosionsanfällig und werden abgetragen. (Rosenkranz u. a., 1972, S. 83).

In der Umgebung von Halle gibt es überwiegend Schlufflehm- und Lehmböden. Sand- und Tonböden haben nur eine geringe Verbreitung. (Krumbiegel u. Schwab, 1974, S. 80).

6. Die Saale

Die Saale hat ihre Quelle im Fichtelgebirge und mündet nach 427 km bei Barby in die Elbe und ist gleichzeitig deren wichtigster Nebenfluss. Die Saale entwässert ein Einzugsgebiet mit einer Fläche von 24.000 km². Das Stadtgebiet von Halle durchfließt sie auf 27 km, mit Nebenarmen sogar 47 km. Fünf Wehre wurden im Flußlauf des Stadtgebietes angelegt um der Erosion vorzubeugen. (www.mozart21.bei.t-online.de).

Mit der zweiten Eiszeit vor ca. 200.000 Jahren, die den halleschen Raum erreichte, erfuhr die Saale eine Flußlaufverlagerung. Ursprünglich floß sie über Ammendorf-Bruckdorf-Landsberg nach Norden. Der ehemalige Flusslauf wird heute in etwa durch die Reide nachgezeichnet. Die Saale wurde nach südwest abgedrängt und durchfließt heute das 2 km breite Salzspiegeltal Saaleaue zwischen Halle und Halle-Neustadt. (Friedrich u. Frühauf, 2002, S. 26 u. 67).

Durch diese Flusslaufverlagerung war die Saale gezwungen sich durch den Porphyrriegel bei Giebichenstein und Kröllwitz zu arbeiten. Heute durchfließt sie dort ein Durchbruchstal auf 80 m Breite. Dieses Engtal verursacht bei Hochwasser einen „Rückstaueffekt", der dazu führt, dass die Saaleaue und Teile des Stadtgebietes überschwemmt werden. Historische Hochwassermarken an Gebäuden belegen die einzelnen Hochwasserstände. (Friedrich u. Frühauf, 2002, S. 29).

In der Saaleaue wurden aber nach den Hochwässern auch gleichzeitig immer frische Bodensubstrate und Nährstoffe abgelagert, die sich in früheren Zeiten günstig auf die Landwirtschaft auswirkten. (Friedrich u. Frühauf, 2002, S. 29).

Der Flusslauf wurde im Stadtgebiet durch den Menschen verändert durch Wehre, Deiche, Dämme (Gimritzer Damm), Durchstiche, Mühlgräben und Schleusengräben und nicht zuletzt durch den Bau von Halle-Neustadt, das sich zu 1/3 auf dem Gebiet der Saaleaue befindet. (Friedrich u. Frühauf, 2002, S. 68).

Die Saale diente als Trinkwasserspender, Nahrungsquelle durch Fischfang und Transportmedium für Güter, wie zum Beispiel das Salz. Im Jahre 1836 begann die Dampfschifffahrt auf der Saale. Heute hat der Fluss als Transportmedium fast keine Bedeutung mehr. Im Durchschnitt legt ein Lastkahn pro Woche im Hafen Trotha an. (Friedrich u. Frühauf, 2002, S. 30).

7. Geotope in Halle und Umgebung

Aufgrund der besonderen geologischen Entwicklung gibt es in Halle und seiner Umgebung zahlreiche Geotope.

Geotope sind „erdgeschichtliche Bildungen der unbelebten Natur, die Erkenntnisse über die Entwicklung der Erde oder des Lebens vermitteln. Sie umfassen Aufschlüsse von Gesteinen, Böden, Mineralen und Fossilien, sowie einzelne Naturschöpfungen oder natürliche Landschaftsteile". (www1.mw.sachsen-anhalt.de).

Als Geotop gilt zum Beispiel die „Weiße Wand" bei Dobis, am Nordostrand der Mansfelder Mulde gelegen. Dort hob sich der Hallesche Vulkanitkoplex während der Kreidezeit aus der Horizontalen in eine Schräglage von 50°. Durch diesen Aufschluss wird erkennbar, welche Klima- und Ablagerungsbedingungen beim Übergang vom Rotliegenden zum Zechstein herrschten. (Friedrich u. Frühauf, 2002, S. 181). So bezeugt die rötliche Schicht des Porphyr-konglomerates, die aus der Zeit des Rotliegenden stammt, ein überwiegend wüstenhaftes Klima. Das Graluliegende läßt ein humides Klima bei „Annäherung des Zechsteinmeeres" vermuten. Der Kupferschiefer aus dem Zechstein weist auf sauerstoffarme Ablagerungsbedingungen hin. Der Zechsteinkalk belegt als „marines Sediment" das Vorhandensein eines Meeres. (Friedrich u. Frühauf, 2002, S. 182).

Die Steinerne Jungfrau am nördlichen Rand der Kleingartenanlage bei Dölau ist ein weiteres Geotop. Dieser 5,5 m hohe, aufgerichtete Menhir, der in der Jungsteinzeit zu kultischen

Zwecken genutzt wurde, ist ein Knollenstein bzw. ein Tertiärquarzit. Knollensteine entstanden durch freigewordene Kieselsäure bei der Kaolinisierung, wobei sich die Kieselsäure in den tertiären Sanden ausschied, diese einkapselte und Knollensteine bildete. (Friedrich u. Frühauf, 2002, S. 191).

Ein weiterer bemerkenswerter Aufschluss sind die Galgenberge. Dort befindet sich ein offengelassener Porphyrsteinbruch. (Stadt Halle Saale, 2002). Neben dem Unteren Porphyr lassen sich auch Spuren aus der Eiszeit finden, denn das Eis der Saaleeiszeit hinterließ an den Felsen Schrammen in Nord-Süd-Richtung. (Friedrich u. Frühauf, 2002, S. 113).

Nennenswert sind auch die Aufschlüsse am Riveufer, an den Brandbergen und den Klausbergen. (Stadt Halle Saale, 2002).

8. Zusammenfassung

Eine Zusammenfassung der Gunst- als auch Ungunstfaktoren, die sich wesentlich auf die
Entwicklung der Stadt Halle auswirkten, liefert folgende Übersicht:

Gunstfaktoren:	Salz:	frühes Wirtschaftsgut, Saline, Solbad,
	Kohle:	Stein- u. Braunkohle, Energieträger für Saline, Hausbrand
	Kaolin:	keramische Industrie, Papierindustrie
	Böden:	Schwarzerden (auf Löß), ertragreiche Landwirtschaft
	Saale:	Trinkwasser, Transportmedium, Fischfang
	Porphyr:	Werks- und Dekorationsstein
Ungunstfaktoren:	Salz:	Senkungsschäden an Bauwerken durch Salzauslaugung
	Bergbau:	anthrop. verursachte Subrosion (Absenkungen im Paulusviertel)
	Böden:	Schwarzerden und Löß → Erosion
	Saale:	Hochwasser durch Saale

Zusammenfassung der Gunst- u. Ungunstfaktoren der Anlage der Stadt Halle

Ein wesentlicher Gunstfaktor für die Entwicklung Halles war das Vorhandensein von Salz.
Dieser Rohstoff war ein frühes Wirtschaftsgut, mit dem Handel getrieben werden konnte. Die
Saline, in der das Salz seit dem Mittelalter gewonnen wurde, verhalf Halle zum Aufstieg einer
bedeutenden Handelsstadt. Selbst Solquellen mit geringer NaCl-Konzentration wurden zur
Erholung genutzt, so zum Beispiel das Solbad Wittekind.

Auch das Vorhandensein von Kohle, Stein- und Braunkohle, wirkte sich begünstigend aus. So
wurde Kohle als Energieträger für die Saline, den Kalibergbau, Zuckerfabriken,
Kalkbrennereien, Ziegeleien sowie den Hausbrand und später auch für die chemische
Industrie in Leuna genutzt. Die Kohle war also als Energieträger für die verschiedensten
Industriebereiche in Halle und Umgebung von zentraler Bedeutung. Ohne die zahlreichen
Kohlelagerstätten im Stadtgebiet Halles und seinem Umland, wäre die Entwicklung der
genannten Industrien nur erschwert möglich gewesen.

Durch das Kaolin, einem weiteren Gunstfaktor, konnte sich die keramische Industrie in
Salzmünde und Lettin entwickeln. Die weitverbreiteten Schwarzerden im Raum Halle
begünstigten eine ertragreiche Landwirtschaft.

Die direkte Lage an der Saale ermöglichte Fischfang und die Gewinnung von Trinkwasser.
Des weiteren konnten Handelsgüter per Schiff transportiert werden. Nicht zuletzt ist auch der

Hallesche Porphyr ein Gunstfaktor. Er bildete als Rohstoff, der in verschiedenen Steinbrüchen ortsnah abgebaut wurde, die Grundlage für die bauliche Entwicklung der Stadt Halle.

Auf der anderen Seite bergen die Salzschichten im Untergrund Halles und der Abbau der Kohle im Stadtgebiet auch Nachteile. Durch Salzauslaugung kommt es an vielen Stellen im Stadtgebiet und der Umgebung zu Absenkungen der Erdoberfläche. Diese natürliche Subrosion führt zu Schäden an Bauwerken. Die durch den Abbau von Kohle anthropogen verursachte Subrosion führt ebenfalls zu Absenkungserscheinungen der Erdoberfläche, wie zum Beispiel im Paulusviertel.

Die Schwarzerden sind, obwohl sie die Landwirtschaft begünstigen, sehr erosionsanfällig, insbesondere mit steigender Reliefenergie. (Krumbiegel u. Schwab, 1974, S. 83).

Auch die Saale hat neben ihren vorteilhaften Funktionen den Nachteil, dass sie das Stadtgebiet häufig bei Hochwasser überflutet. Das passiert meist im Frühjahr, wenn die im Gebirge gespeicherten Winterniederschläge abschmelzen und über den noch gefrorenen Boden oberirdisch abfließen. (Friedrich u. Frühauf, 2002, S. 70).

9. Literatur

Friedrich, K. u. Frühauf, M. [Hrsg.] (2002): Halle und sein Umland. Geographischer Exkursionsführer. Halle (Saale)

Krumbiegel, G. u. Schwab, M. [Hrsg.] (1974): Saalestadt Halle und Umgebung. Ein geologischer Führer. Teil 1: Geologische Grundlagen. Halle (Saale)

Leser, H. [Hrsg.] (2001): Diercke – Wörterbuch Allgemeine Geographie. München

Mohs, G., Rosenkranz, E. u. Oelke, E. [Hrsg.] (1972): Halle und Umgebung. Geographische Exkursionen, N. R., H 12, Gotha/Leipzig

Stadt Halle (Saale) [Hrsg.] (2002): Halle neu entdecken auf dem geologischen Lehrpfad. Die Hallesche Marktplatzverwerfung. Halle (Saale)

Verlag André Gursky: Heimatblätter. Der Weinbau im Mansfelder Land Nr. 9. (S. 67)

Wagenbreth, O. u. Steiner, W. (1990): Geologische Streifzüge. Landschaft und Erdgeschichte zwischen Kap Arkona und Fichtelberg. 4. Aufl., Leipzig

www.halle.de

www.stadtmuseum-halle.de

www.geographix.de

wwwmozart21.bei.t-online.de/diesaale/saale/body_saale.html

www1.mw.sachsen-anhalt.de/gla/daten/geotop/seiten/schutzzeit.html